MATEMÁTICAS PARA LA RELATIVIDAD GENERAL (2)

CONVENIO DE SUMA

Al fijarnos en estas expresiones:

$$dx'_\sigma = \sum_\nu \frac{\partial x'_\sigma}{\partial x_\nu} dx_\nu$$

$$A'^{\sigma} = \sum_{\nu} \frac{\partial x'_{\sigma}}{\partial x_{\nu}} A^{\nu}$$

que, como se explica en el número anterior, representan de forma abreviada los sistemas de ecuaciones que hay que utilizar para pasar de un sistema de coordenadas a otro, podemos notar que el índice con respecto al que se efectúa la suma, el que aparece bajo la sigma mayúscula con la que indicamos que se trata de un sumatorio, una suma de términos de la forma que va a continuación de dicho símbolo de suma, es un índice que en la expresión que sigue a la sigma mayúscula, aparece repetido dos veces.

Ese hecho permite abreviar aún más las expresiones, porque no necesitamos escribir el símbolo de suma, pues los índices que aparecen dos veces ya nos revelan como hay que desarrollar la suma: se debe sumar con respecto a dichos índices, es decir, se debe volver a obtener el sistema de ecuaciones completo, sustituyendo tales índices por los valores numéricos correspondientes, así:

$$dx'_1 = \frac{\partial x'_1}{\partial x_1} dx_1 + \frac{\partial x'_1}{\partial x_2} dx_2 + \frac{\partial x'_1}{\partial x_3} dx_3 + \frac{\partial x'_1}{\partial x_4} dx_4$$

$$dx'_2 = \frac{\partial x'_2}{\partial x_1} dx_1 + \frac{\partial x'_2}{\partial x_2} dx_2 + \frac{\partial x'_2}{\partial x_3} dx_3 + \frac{\partial x'_2}{\partial x_4} dx_4$$

$$dx_3' = \frac{\partial x_3'}{\partial x_1} dx_1 + \frac{\partial x_3'}{\partial x_2} dx_2 + \frac{\partial x_3'}{\partial x_3} dx_3 + \frac{\partial x_3'}{\partial x_4} dx_4$$

$$dx_4' = \frac{\partial x_4'}{\partial x_1} dx_1 + \frac{\partial x_4'}{\partial x_2} dx_2 + \frac{\partial x_4'}{\partial x_3} dx_3 + \frac{\partial x_4'}{\partial x_4} dx_4$$

y las expresiones:

$$dx_\sigma' = \sum_\nu \frac{\partial x_\sigma'}{\partial x_\nu} dx_\nu$$

$$A'^\sigma = \sum_\nu \frac{\partial x_\sigma'}{\partial x_\nu} A^\nu$$

se pueden escribir así:

$$dx_\sigma' = \frac{\partial x_\sigma'}{\partial x_\nu} dx_\nu$$

$$A'^\sigma = \frac{\partial x_\sigma'}{\partial x_\nu} A^\nu$$

pero recordando siempre que representan una suma, que al desarrollar la ecuación nos da el sistema de cuatro ecuaciones completo que hemos escrito arriba. Si la variedad con la que estemos tratando tuviese otra "dimensión" en lugar de cuatro, el sistema desarrollado tendría más ecuaciones y más términos en las sumas, pero su estructura sería semejante al sistema que hemos escrito.

Los "índices de suma" reciben el nombre de "índices mudos", puesto que no expresan operaciones entre tensores, sino solamente como desarrollar la suma representada por la ecuación abreviada.

Pero a los demás índices se les llama "índices libres", y los cambios que se hacen entre ellos y con ellos, representan operaciones determinadas que iremos considerando.

Cuando a tales índices se les dan también sus valores numéricos, el sistema se amplía aún más.

ECUACIONES DE LAS GEODÉSICAS

Como ya se explicó en el número anterior, las ecuaciones de las líneas geodésicas en variedades no euclídeas, con curvaturas de cualquier tipo, se obtienen utilizando el cálculo de variaciones y el principio de mínima acción; corresponden a las líneas rectas en una variedad euclídea.

La variación de la integral de acción podemos expresarla así:

$$\delta S = -mc \; \delta \int ds = 0$$

El factor "$-mc$" se incluye por conveniencia cuando el cálculo tensorial se está aplicando a la Relatividad.

El campo gravitatorio en la Relatividad, no es sino un cambio en la métrica del espacio-tiempo, que se manifiesta en un cambio en la expresión de "ds" en función de las coordenadas dx^i.

De modo que en un campo gravitatorio la "línea de universo" que recorre la partícula es una extremal, un mínimo o "geodésica" en el espacio-tiempo de cuatro dimensiones.

Como el campo gravitatorio es una distorsión del espacio-tiempo, éste no es galileano, y por tanto la línea no será una recta, y el movimiento de la partícula no será ni rectilíneo ni uniforme.

Las ecuaciones de las "geodésicas", que son las ecuaciones del movimiento de una partícula en un campo gravitatorio, pueden obtenerse también, de una manera muy sencilla, utilizando una generalización adecuada de la ecuación diferencial que representa el movimiento libre de una partícula en la teoría de la relatividad especial, o sea, en un sistema de coordenadas cuatridimensional galileano.

Estas ecuaciones son:

$$\frac{du^i}{ds} = 0$$

o, $du^i = 0$, donde $u^i = \frac{dx^i}{ds}$, de modo que u^i es la "cuadrivelocidad", la derivada o variación de las coordenadas de espacio-tiempo x^i con respecto al "intervalo" infinitesimal "ds".

La igualación a cero de du^i indica que no hay aceleración, y por tanto el movimiento de la partícula es rectilíneo y uniforme (como la velocidad no varía, es constante, y su derivada es igual a cero).

Naturalmente, en el caso de coordenadas curvilíneas, la ecuación equivalente es:

$$Du^i = 0$$

puesto que hay que aplicar la "derivación covariante", sumando a las derivadas normales de las magnitudes, las variaciones debidas al sistema de coordenadas utilizado, dando lugar a esta expresión:

$$DA^i = \left(\frac{\partial A^i}{\partial x^l} + \Gamma^i_{kl} A^k \right) dx^l$$

cuyo segundo miembro puede ser escrito también así:

$$du^i + \Gamma^i_{kl}\, u^k\, dx^l$$

De modo que la condición:

$$Du^i = 0$$

equivaldría a la siguiente ecuación:

$$du^i + \Gamma^i_{kl}\, u^k\, dx^l = 0$$

Dividiendo todos los términos en ambos miembros por "ds" obtenemos:

$$\frac{d^2 x^i}{ds^2} + \Gamma^i_{kl}\, \frac{dx^k}{ds}\, \frac{dx^l}{ds} = 0$$

que, como presentamos en el número anterior, es la ecuación de las "geodésicas" en una variedad no euclídea. (El primer término de la suma del primer miembro es la derivada segunda de las coordenadas x^i, de modo que representa la cuadriaceleración).

Vemos así que el movimiento de una partícula en un campo gravitatorio, está determinado por las magnitudes Γ_{kl}^i, que a su vez están determinadas por las g_{ik}, pues ambos tipos de magnitudes están relacionados por las expresiones:

$$\Gamma_{i,kl} = \frac{1}{2}\left(\frac{\partial g_{ik}}{\partial x^l} + \frac{\partial g_{li}}{\partial x^k} - \frac{\partial g_{kl}}{\partial x^i}\right)$$

$$\Gamma_{kl}^i = \frac{1}{2}g^{im}\left(\frac{\partial g_{mk}}{\partial x^l} + \frac{\partial g_{ml}}{\partial x^k} - \frac{\partial g_{kl}}{\partial x^m}\right)$$

los llamados "símbolos de Christofell".

Como el "intervalo" infinitesimal (o "elemento de línea"), se obtiene a partir de la fórmula:

$$\mathbf{ds}^2 = \sum \mathbf{g_{ik}}\ \mathbf{dx^i dx^k}$$

(que podemos escribir simplemente así:

$$ds^2 = g_{ik}\, dx^i dx^k$$

por el "convenio de suma" explicado al principio), que es, tal como se explica en el primer número, un "teorema de Pitágoras" generalizado, aplicable a toda variedad, las magnitudes g_{ik} son las que determinan el grado de curvatura de las variedades no euclídeas, es decir, en qué medida se desvían **_en cada punto_** de una variedad euclídea.

La desviación o distorsión puede ser diferente en "lugares" distintos de la variedad. De modo que los valores de las g_{ik} pueden cambiar con un simple "desplazamiento infinitesimal", y el cambio de valores, puede además ser diferente para cada posible "dirección" en que nos desplacemos.

De manera que se requieren los "símbolos de Christofell", que como vemos son combinaciones de derivadas de las magnitudes g_{ik} con respecto a variaciones infinitesimales de las coordenadas en toda dirección posible.

Vemos pues, que estos métodos matemáticos son de una generalidad tan grande, que es muy apropiado que también se llame a este tipo de "cálculo", "cálculo diferencial absoluto".

CUADRIVECTOR CONTRAVARIANTE

Un conjunto de cuatro cantidades con los valores: $A^1\ A^2\ A^3\ A^4$, [abreviado como A^ν, $(\nu = 1, 2, 3, 4)$], en un sistema de coordenadas, que al ser referidas a otra sistema, se transformen en sus valores, de acuerdo con la ley:

$$A'^\sigma = \sum_\nu \frac{\partial x'_\sigma}{\partial x_\nu} A^\nu$$

$$(\sigma = 1, 2, 3, 4)$$

son, por definición, las componentes de un cuadrivector contravariante.

Los valores de las coordenadas en un sistema guardan una determinada relación funcional con sus valores en el otro sistema, que se puede expresar así:

$$x'_1 = \phi_1(x_1, x_2, x_3, x_4)$$

$$x_2' = \phi_2(x_1, x_2, x_3, x_4)$$

$$x_3' = \phi_3(x_1, x_2, x_3, x_4)$$

$$x_4' = \phi_4(x_1, x_2, x_3, x_4)$$

La explicación de por qué esto es así la consideramos ya en el número anterior, y la recordamos aquí:

"Para hallar las fórmulas de transformación de un sistema de coordenadas cualquiera a otro, que sean de la mayor generalidad posible, es decir que permitan hacer transformaciones de unos sistemas a otros, sean cuales sean los tipos de coordenadas de los sistemas implicados (coordenadas cartesianas, esféricas, cilíndricas, o curvilíneas en general, de cualquier forma arbitraria), lo que se necesita es conocer cuánto ha variado el valor de *cada componente* en el nuevo sistema *con relación a cada una de las componentes* del otro sistema.

Expresándolo directamente, para que se comprenda bien la idea clave, pensemos en dos sistemas de coordenadas de tres ejes, que comparten el mismo "origen" (ese es el único "punto" que tienen en común), e identifiquemos a cada uno de ellos por medio de una letra distinta; podemos llamar a los ejes del primer sistema "x", "y" y "z", y a los del segundo "h", "u" y "v", por ejemplo.

 Como estamos usando cálculo infinitesimal, las variaciones que buscamos son las "tasas de cambio" infinitesimales, que, como sabemos, son las "derivadas" de unas magnitudes respecto a otras, con las que guardan una determinada relación funcional.

De modo que, en el ejemplo que estamos considerando, el valor de "h" se diferenciará del valor de "x" en una cantidad determinada, y se diferenciará del valor de "y" en otra cantidad **_distinta_**, y del valor de "z" en otra cantidad **_también distinta_** de las otras dos.

Podemos, por tanto, considerar a "h" como una función de las tres "variables": "x", "y", "z". (hemos llamado "variables" a "x", "y", y "z", porque queremos representar con ellas a todo sistema de coordenadas tridimensional posible, pues estamos buscando una regla general de transformación de coordenadas, y en cada sistema tendrán un valor distinto).

La derivada de una función de más de una variable se calcula derivando por separado la función con respecto a cada una de las variables, y luego sumando las "derivadas parciales" obtenidas. La razón es la misma que cuando hallamos la derivada de una suma de funciones distintas de la misma variable: la derivada total de la función es la suma de todas las derivadas, pues cada función en la suma hace su "aportación" (en general diferente a las otras) a la "variación total" de la función.

Para distinguir las "derivadas parciales" de la derivada normal de una función de una sola variable, en lugar de utilizar la "d" latina en la expresión de las diferenciales, se utiliza la letra del alfabeto griego $"\partial"$, $delta\ minúscula$.

De modo que la derivada (o tasa total de variación) de "h" con respecto a la función de tres variables $f(x, y, z)$, la escribiremos así:

$$dh = \frac{\partial h}{\partial x} dx + \frac{\partial h}{\partial y} dy + \frac{\partial h}{\partial z} dz$$

A continuación tendremos que hacer lo mismo para hallar las variaciones de las otras dos coordenadas o componentes: "u" y "v", de modo que la transformación de coordenadas de un sistema a otro se realiza utilizando el sistema de ecuaciones:

$$dh = \frac{\partial h}{\partial x} dx + \frac{\partial h}{\partial y} dy + \frac{\partial h}{\partial z} dz$$

$$du = \frac{\partial u}{\partial x} dx + \frac{\partial u}{\partial y} dy + \frac{\partial u}{\partial z} dz$$

$$dv = \frac{\partial v}{\partial x} dx + \frac{\partial v}{\partial y} dy + \frac{\partial v}{\partial z} dz$$

En este ejemplo hemos usado sistemas de tres coordenadas, que seguramente nos hacen pensar en las coordenadas de posición en el espacio tridimensional con el que estamos familiarizados.

En este "espacio" o "variedad tridimensional", la posición de un objeto con relación a un sistema de coordenadas o el valor de una magnitud vectorial, tienen, como hemos visto, tres componentes.

Pero en física hay que hacer operaciones con dos o más de tales magnitudes, y eso puede dar lugar a obtener otras magnitudes, que pueden tener más de tres componentes".

Este ejemplo fácil de entender, se puede extender a magnitudes de más de tres componentes, como son los vectores familiares en el espacio tridimensional.

Como en Relatividad tenemos que operar con una variedad de cuatro dimensiones, las relaciones funcionales entre los valores de las componentes entre un sistema y otro son, como hemos visto:

$$x_1' = \phi_1(x_1, x_2, x_3, x_4)$$

$$x_2' = \phi_2(x_1, x_2, x_3, x_4)$$

$$x_3' = \phi_3(x_1, x_2, x_3, x_4)$$

$$x_4' = \phi_4(x_1, x_2, x_3, x_4)$$

Y podremos hallar los valores en sistema, a partir de sus valores en el otro, con el sistema de ecuaciones:

$$dx_1' = \frac{\partial x_1'}{\partial x_1} dx_1 + \frac{\partial x_1'}{\partial x_2} dx_2 + \frac{\partial x_1'}{\partial x_3} dx_3 + \frac{\partial x_1'}{\partial x_4} dx_4$$

$$dx_2' = \frac{\partial x_2'}{\partial x_1} dx_1 + \frac{\partial x_2'}{\partial x_2} dx_2 + \frac{\partial x_2'}{\partial x_3} dx_3 + \frac{\partial x_2'}{\partial x_4} dx_4$$

$$dx_3' = \frac{\partial x_3'}{\partial x_1} dx_1 + \frac{\partial x_3'}{\partial x_2} dx_2 + \frac{\partial x_3'}{\partial x_3} dx_3 + \frac{\partial x_3'}{\partial x_4} dx_4$$

$$dx_4' = \frac{\partial x_4'}{\partial x_1} dx_1 + \frac{\partial x_4'}{\partial x_2} dx_2 + \frac{\partial x_4'}{\partial x_3} dx_3 + \frac{\partial x_4'}{\partial x_4} dx_4$$

que como vemos es prácticamente igual al utilizado en el ejemplo tridimensional, pero añadiendo una dimensión más.

Si conocemos la dependencia funcional entre los dos sistemas, es decir, la forma de las cuatro funciones:

$$x_1' = \phi_1(x_1, x_2, x_3, x_4)$$

$$x_2' = \phi_2(x_1, x_2, x_3, x_4)$$

$$x_3' = \phi_3(x_1, x_2, x_3, x_4)$$

$$x_4' = \phi_4(x_1, x_2, x_3, x_4)$$

podremos resolver el sistema, hallando el valor de las derivadas parciales que aparecen en él, que constituyen el jacobiano de la transformación.

En el caso tridimensional el determinante jacobiano era:

$$\begin{vmatrix} \dfrac{\partial h}{\partial x} & \dfrac{\partial h}{\partial y} & \dfrac{\partial h}{\partial z} \\ \dfrac{\partial u}{\partial x} & \dfrac{\partial u}{\partial y} & \dfrac{\partial u}{\partial z} \\ \dfrac{\partial v}{\partial x} & \dfrac{\partial v}{\partial y} & \dfrac{\partial v}{\partial z} \end{vmatrix}$$

Y en este caso será:

$$\begin{vmatrix} \dfrac{\partial x'_1}{\partial x_1} & \dfrac{\partial x'_1}{\partial x_2} & \dfrac{\partial x'_1}{\partial x_3} & \dfrac{\partial x'_1}{\partial x_4} \\[2mm] \dfrac{\partial x'_2}{\partial x_1} & \dfrac{\partial x'_2}{\partial x_2} & \dfrac{\partial x'_2}{\partial x_3} & \dfrac{\partial x'_2}{\partial x_4} \\[2mm] \dfrac{\partial x'_3}{\partial x_1} & \dfrac{\partial x'_3}{\partial x_2} & \dfrac{\partial x'_3}{\partial x_3} & \dfrac{\partial x'_3}{\partial x_4} \\[2mm] \dfrac{\partial x'_4}{\partial x_1} & \dfrac{\partial x'_4}{\partial x_2} & \dfrac{\partial x'_4}{\partial x_3} & \dfrac{\partial x'_4}{\partial x_4} \end{vmatrix}$$

El índice arriba en la magnitud A^ν indica que es contravariante.

SUMA Y RESTA DE TENSORES

La suma o resta de las componentes correspondientes de dos tensores contravariantes constituyen las componentes de otro tensor contravariante, que podemos expresar, en la notación de índices, con la expresión abreviada:

$$A^\sigma \pm B^\sigma$$

CUADRIVECTOR COVARIANTE

Diremos que la magnitud A^ν es un cuadrivector covariante, si se cumple la condición:

$$\sum_\nu A_\nu B^\nu = invariante$$

donde "invariante" significa que es una cantidad escalar que en un punto determinado tiene el mismo valor en todos los sistemas.

La expresión tensorial de B^ν es:

$$B^\nu = \sum_\sigma \frac{\partial x_\nu}{\partial x'_\sigma} B'^\sigma$$

Vemos que el jacobiano en esta expresión es el inverso del de la expresión de B'^σ; esto se debe a que estamos realizando la operación inversa, es decir, estamos invirtiendo la transformación de coordenadas, "volviendo", por decirlo así, al sistema de coordenadas inicial.

Para comprobar que la expresión de B^ν es correcta, podemos utilizar las dos expresiones:

$$B'^\sigma = \sum_\nu \frac{\partial x'_\sigma}{\partial x_\nu} B^\nu$$

$$B^\nu = \sum_\sigma \frac{\partial x_\nu}{\partial x'_\sigma} B'^\sigma$$

La primera de ellas, corresponde, como hemos visto arriba, a un cuadrivectror contravariante.

Prescindiendo de los símbolos de suma, de acuerdo al "convenio de suma" explicado antes, y multiplicando los dos cuadrivectores entre sí, obtenemos:

$$B'^\sigma B^\nu = \frac{\partial x'_\sigma}{\partial x_\nu} B'^\sigma \frac{\partial x_\nu}{\partial x'_\sigma} B^\nu$$

Como vemos los jacobianos de cada uno de los cuadrivectores, son inversos uno del otro, de manera que al multiplicarlos se cancelan entre sí, y nos queda la siguiente igualdad o identidad:

$$B'^{\sigma} \, B^{\nu} = B'^{\sigma} \, B^{\nu}$$

$$B'^{\sigma} \, B^{\nu} \equiv B'^{\sigma} \, B^{\nu}$$

confirmando que la expresión que hemos usado para B^{ν} es correcta.

Sustituyendo en la fórmula de la condición expresada arriba:

$$\sum_{\nu} A_{\nu} \, B^{\nu} = invariante$$

Se pueden usar otras letras para los "índices libres", siempre que los cambios se hagan por igual en todos los lugares en los que aparecen, de modo que:

$$\sum_{\nu} A_{\nu} \, B^{\nu} = \sum_{\sigma} A'_{\sigma} \, B'^{\sigma}$$

$$\sum_{\sigma} A'_{\sigma} \, B'^{\sigma} = \sum_{\nu} A_{\nu} \, B^{\nu}$$

Y como la definición de B^v es:

$$B^v = \sum_\sigma \frac{\partial x_v}{\partial x'_\sigma} B'^\sigma$$

Sustituyendo obtenemos:

$$\sum_\sigma A'_\sigma B'^\sigma = \sum_v A_v B^v = \sum_v A_v \sum_\sigma \frac{\partial x_v}{\partial x'_\sigma} B'^\sigma$$

$$\sum_v A_v \sum_\sigma \frac{\partial x_v}{\partial x'_\sigma} B'^\sigma = \sum_\sigma B'^\sigma \sum_v \frac{\partial x_v}{\partial x'_\sigma} A_v$$

(Al desarrollar esta última ecuación se comprueba que es válido hacer el cambio que observamos en ambos miembros de ella; se obtienen las mismas "sumas de productos", puesto que, como vemos, los factores que se multiplican son los mismos; solo se cambia el orden en el que hacemos las operaciones, y se obtiene el mismo resultado)

Comparando el primer miembro del primer grupo de igualdades y el último de la segunda, podemos ver que:

$$A'_\sigma = \sum_\nu \frac{\partial x_\nu}{\partial x'_\sigma} A_\nu$$

que es la definición de un cuadrivector covariante.

La condición se cumple porque las expresiones tensoriales de los dos cuadrivectores son, respectivamente:

$$B^\nu = \sum_\nu \frac{\partial x'_\sigma}{\partial x_\nu} B_\nu$$

$$A_\nu = \sum_\nu \frac{\partial x_\nu}{\partial x'_\sigma} A^\nu$$

De modo que:

$$\sum_\nu A_\nu B^\nu = \sum_\nu \left(\frac{\partial x_\nu}{\partial x'_\sigma} \frac{\partial x'_\sigma}{\partial x_\nu} A^\nu B_\nu \right) = \sum_\nu A^\nu B_\nu$$

Como vemos, los dos jacobianos, los dos conjuntos de derivadas parciales, son inversos uno del otro, su multiplicación equivale a multiplicar una matriz por su inversa, y el resultado es la matriz unidad; por tanto podemos decir que se cancelan entre sí, y nos queda la suma de cuatro valores fijos: las componentes de los cuadrivectores en algún punto de la variedad, una magnitud invariante.

Esto también nos permite entender por qué en el cálculo tensorial se utilizan dos tipos de componentes: covariantes y contravariantes.

Haciéndolo así se garantiza que los tensores tengan el mismo valor en todos los sistemas de coordenadas.

Como hemos visto en el ejemplo considerado, una fórmula que exprese el producto de una magnitud covariante por otra contravariante, da como resultado un invariante, con el mismo valor en ese punto de la variedad en todos los sistemas de coordenadas.

Los índices arriba se refieren a las componentes contravariantes y los índices abajo, a las covariantes.

Aunque los valores de las componentes cambien al pasar a otro "punto" de la variedad en que se encuentran las magnitudes tensoriales, ***en cada punto específico*** de la variedad, los valores de las componentes tendrán un único valor, y éste será el mismo en todos los sistemas de coordenadas.

Todo esto nos permite apreciar la generalidad de este tipo de cálculo, y por qué es muy apropiado llamarlo también "cálculo diferencial absoluto.

Por tanto las relaciones entre las diversas magnitudes, que expresan las leyes fundamentales de la naturaleza en lenguaje matemático, serán las mismas en todos los sistemas, tal como se requiere en física, y especialmente en la Relatividad General.